DIE
ERSCHEINUNG DER SYMBIOSE

VORTRAG,

GEHALTEN AUF DER VERSAMMLUNG DEUTSCHER NATURFORSCHER UND AERZTE ZU CASSEL

VON

A. DE BARY,

PROFESSOR DER BOTANIK AN DER UNIVERSITÆT STRASSBURG.

STRASSBURG,
VERLAG VON KARL J. TRÜBNER.
1879.

VORWORT.

Der hier veröffentlichte Vortrag wurde in einer allgemeinen Sitzung der Casseler Naturforscher-Versammlung gehalten. Er war bestimmt für den hiermit bezeichneten Zuhörerkreis, d. h. wesentlich für Naturforscher und Aerzte, und sollte diesen, in einer für sie verständlichen Form, eine gedrängte Uebersicht geben über eine grosse zusammenhängende Reihe von Naturerscheinungen, und auf einige allgemeine Gesichtspunkte für die Beurtheilung derselben aufmerksam machen. Mit dem üblichen Abdruck in dem Tagblatt der Versammlung glaubte ich dann den Vortrag für die Erinnerung der Zuhörer und für Andere, welche ihn etwa kennen lernen wollten, hinreichend fixirt und hielt eine weitere Publication mindestens für überflüssig. Auch jetzt würde ich der an mich ergangenen Aufforderung, ihn durch besondern Abdruck einem grössern Leserkreise zugänglicher zu machen, schwerlich entsprochen haben, wenn nicht eine in der Beilage zur Augsburger Allgemeinen Zeitung Nr. 296, 23. October d. J. von A. W. erschienenen Kritik, oder wie ich es sonst nennen soll, eine Provocation dazu enthielte. Die Aeusserungen des A. W. Correspondenten sind nämlich nicht geeignet, dem Leser eine richtige Vorstellung zu geben von dem, was der Vortrag wollte, sie enthalten sogar einen mit Anführungszeichen, also als wörtlich reproducirt, gedruckten Satz, welcher in dem Vortrag nirgends steht und dem Sinne nach nirgends stehen kann. Dem Leser, welcher der naturwissenschaftlichen Literatur ferner steht und vielleicht sogar durch A. W. veranlasst worden ist sich für den Gegenstand zu interessiren, und der Sache selbst, um welche es sich handelt, glaube ich es daher schuldig zu sein, das Gesagte so wie es ist vorzulegen.

Auf eine weitere Bekämpfung des A. W. Correspondenten glaube ich nicht eingehen zu sollen. Dem ausserhalb des ursprünglichen Zuhörerkreises stehenden Leser werden aber einige sachliche Erläuterungen erwünscht sein; dieselben sind daher in Form von Anmerkungen beigefügt.

Strassburg, November 1878.

A. DE BARY.

Als ich einen Gegenstand für diesen Vortrag suchen sollte, war ich gerade mit der Untersuchung zweier Pflanzen beschäftigt, welche in einem eigenthümlichen Genossenschaftsverhältniss mit einander stehen. Die momentane Praeoccupation, nicht minder aber die Erwägung, dass ähnliche Genossenschaften wie jene seit etwa 10 Jahren in sehr beachtenswerther Ausdehnung bekannt geworden und geeignet sind, allgemeines Interesse in Anspruch zu nehmen, bestimmte mich, eine Betrachtung der Erscheinungen des Zusammenlebens ungleichnamiger Organismen, der Symbiose, wie man kurz und allgemein sagen kann, zu wählen. Auch bei fernerer Ueberlegung blieb ich dabei; denn wenn es in diesen Versammlungen auch am nächsten liegt, Zeitfragen, Kritik und Geschichte der Methoden in Wissenschaft und Lehre zur Sprache zu bringen, so wird doch auch ein Bericht über concrete Forschungsergebnisse von allgemeinerem Interesse nicht unerwünscht sein.

Der erwähnten ersten Veranlassung entsprechend soll sich dieser Bericht vorwiegend mit Erscheinungen aus dem Pflanzenreiche beschäftigen. Einestheils weil hier bestimmte, vorzugsweise beachtenswerthe Verhältnisse am anschaulichsten hervortreten; andererntheils weil die verwandten Erscheinungen im Thierreiche den meisten hier Anwesenden bekannter und leicht erinnerlich sein werden, zumal an der Hand der reichen

Zusammenstellung von Thatsachen, welche van Beneden kürzlich in seinem verbreiteten Parasitenbuche gegeben hat. [1])

Der Hinweis auf letzteres genügt, um anzudeuten, dass es sich um ein höchst umfangreiches Material handelt, und dass die hier zugemessene Zeit nichts weniger als eine erschöpfende Behandlung desselben zulässt. Gestatten Sie mir daher nur die Hervorhebung der wesentlichsten Gesichtspunkte und ihre Erläuterung an einigen geeigneten Beispielen.

Die bekannteste und exquisiteste Erscheinung der Symbiose ist der vollständige Parasitismus, d. h. jene Einrichtung, bei welcher ein Thier oder eine Pflanze den ganzen Vegetationsprozess durchmacht auf oder in einem anderen einer ungleichnamigen Species angehörigen Organismus. Letzterer dient jenem, dem Parasiten, ausschliesslich als Wohnort und liefert ihm sein gesammtes Nährstoffmaterial, er ist in jeglichem Sinne des Wortes sein Wirth; und jener lebt auf Kosten des Wirthes, insofern sein Nährstoffmaterial die lebende Körpersubstanz oder die zur eigenen Ernährung aufgenommene Nahrung dieses ist.

Je nach den Einzelfällen sind die Beziehungen zwischen Parasit und Wirth in bekannter Weise höchst mannichfaltig verschieden. Einestheils bezüglich der Abhängigkeit jenes von letzerem. In dem einen extremen Falle ist der Parasit ohne den Wirth thatsächlich [2]) vollkommen existenz-

---

[1]) P. J. van Beneden, die Schmarotzer des Thierreichs. Internationale wissenschaftliche Bibliothek, Bd. XVIII, 1876.

[2]) Dass die am meisten vom Wirthe abhängigen Parasiten ohne jenen existenzunfähig sind, ist eine nach den bestehenden Einrichtungen oder «Anpassungen» in der Natur gegebene Thatsache, von welcher jedoch keineswegs behauptet werden kann, dass sie absolut nothwendig sei, und dass es sich nicht anders verhalten könnte. Man kann sich wohl vorstellen, dass es in einer Nährflüssigkeit von

unfähig; sogar an ganz bestimmte, mit den Entwicklungsstadien selbst wechselnde Wirthspecies gebunden, wie in den bekannten Fällen der Cestoden, der Rostpilze auf Berberis, Borragineen und Gräsern. [3]) Das andere Extrem weist Schmarotzer auf, welche nicht nur sehr verschiedenartige Wirthe aufsuchen, sondern auch, wenigstens in bestimmten Abschnitten ihres Lebens, ohne Wirth leben können, wie viele blutsaugende Epizoen, oder von Pilzen, manche Insekten-

---

geeigneter chemischer Zusammensetzung und in der geeigneten Temperatur, Dunkelheit u. s. w. gelingen müsste, einen Bandwurm aus dem Ei zu normaler Existenz zu erziehen. Und wenn dieses in dem bezeichneten Falle noch nicht geschehen — wohl auch noch nicht versucht — worden ist, so fehlt es bei den Pilzen nicht an einigen hierher gehörigen Beispielen. Um von denselben eines zu citiren, so gelingt es, wie Hallier urgirt hat, den Kartoffelpilz, Phytophthora infestans, in geeigneten Nährstofflösungen auf dem Objectträger zu ganz guten sporenbildenden Exemplaren aus seinen Keimen zu erziehen. An der Thatsache aber, dass er bei den in der Natur und auf unsern Feldern bestehenden Verhältnissen ein specifischer, auf die lebende Kartoffelpflanze und einige andere Species angewiesener Parasit ist, wird hierdurch nichts geändert.

[3]) Die Entwickelung der Cestoden, d. h. Bandwürmer, und die Abhängigkeit derselben vor ihrer Uebersiedelung von einer Wirthspecies auf eine andere — z. B. vom Schwein oder Rind auf den Menschen — ist wohl dem Leser bekannt, eventuell bei van Beneden nachzulesen, Mit den erwähnten Rostpilzen verhält es sich ebenso. Puccinia graminis z. B., der Pilz des gewöhnlichsten Gras- resp. Getreiderostes, hat zu seiner vollen Ausbildung drei, oder wenn man will vier Stadien zu durchlaufen. Das eine derselben erreicht er nur im Laube der Berberitze (Berberis vulgaris), die beiden successive nächsten nur wenn er von genannter Pflanze auf, resp. in das Laub von Gräsern (cultivirten oder wildwachsenden) übersiedelt. Das erwähnte vierte Stadium ist die zur Wiederbesiedelung der Berberis nöthige Keimbildung der Gras bewohnenden Form.

tödter. Der Muscardinepilz [4]) z. B. verschont kaum eine Insektenspecies, wenn er sie zur rechten Zeit findet; er vermag auch frei, ohne Wirth zu wachsen, Sporen zu bilden und mit diesen neue Opfer zu erreichen. Zwischen beiden Extremen finden sich alle erdenklichen Abstufungen.

Die andere Seite der Beziehungen zwischen Parasit und Wirth besteht darin, dass letzerer in dem Maasse als sich jener entwickelt, beeinträchtigt wird. Zwischen beiden muss, nach den Ernährungsbedingungen des Parasiten, ein Verhältniss des Antagonismus, des Kampfes bestehen; der Gang und der Ausgang dieses aber zeigt wiederum je nach den Einzelfällen die mannichfachsten Differenzen: auf der einen Seite nicht nachweisbare Störung im Wohlbefinden des Wirthes bei colossalen Massen von Parasiten, wie z. B., nach van Beneden, bei manchen Fischen; auf der anderen Seite sofortige Erkrankung oder Tödtung durch die Vegetation des Schmarotzers, wie bei der Trichinose des Menschen oder den von Phytophthora heimgesuchten Theilen der Kartoffelpflanze. [5])

Es gibt aber andere Genossenschaftsbeziehungen zwi-

---

[4]) Botrytis Bassii ist der Pilz, welcher die unter dem Namen Muscardine bekannte Krankheit der Seidenraupe verursacht. Einheimische Insekten, besonders waldbewohnende, aus den verschiedensten Ordnungen befällt und tödtet er ausserordentlich häufig. Im Vergleich mit den auf und in den Thieren entwickelten allerdings sehr kümmerliche Exemplare desselben lassen sich leicht erhalten, wenn man ihn auf Wasser, resp. feuchten, nährstofffreien Boden aussäet. Vgl. Botanische Zeitung, 1867. 1.

[5]) Phytophthora infestans, oder Peronospora inf. ist der Name des Pilzes dessen Vegetation die gewöhnlich schlechthin so genannte, in nassen Jahren verderbliche «Kartoffelkrankheit» verursacht, und zwar sowohl das Schwarzwerden des Laubes als auch das Verderben der Knollen. Vgl. auch oben, Anm. 2.

schen ungleichnamigen Organismen, welche sich der Form der Erscheinung nach dem Parasitismus anschliessen, mit demselben auch vielfach vermengt werden, ihrem Wesen nach aber von diesem zu unterscheiden sind.

Viele kleinere Thiere sind auf grösseren angesiedelt und leben von den Abfällen der letzteren: von den desquamirten Epidermistheilen, Federn, Haaren u. s. w. wie die zahlreichen Arten der Trichodecten und Philopteri; von dem abgängigen Schleimsecrete der Haut der Fische, wie die Arguli u. a. Da sind van Beneden's Mutualisten; sie stehen zu den Wirthen, welche sie bewohnen, in einem Verhältniss gegenseitiger Förderung; indem sie von den Abfällen dieser ihre Nahrung nehmen, „sorgen sie für die Toilette" derselben.

Andere kleine Thiere siedeln sich auf oder dicht bei grösseren an, um ihr Leben zu fristen von den Brosamen, die von des Grossen Tische fallen: von dem Ueberschuss des Nahrungsmaterials, welches der Grosse zu eigenem Bedarf herbeischafft. Das sind van Benedens Commensualen, Mitessende.

Es ist klar, dass zwischen allen diesen Erscheinungen und dem strengen Parasitismus Aehnlichkeiten bestehen; es finden sich auch gradweise Abstufungen. Die prinzipielle Differenz der extremen Fälle von jenem liegt aber auf der Hand.

In der Pflanzenwelt treten die Erscheinungen der beiden letzten Kategorien wenig hervor. Doch zeigt genauere Umschau dem Mutualismus van Benedens wenigstens nahe stehende Einrichtungen in der Vegetationsform, welche man die epiphytische nennt, und welche nicht nur in der Tropenwelt reich repräsentirt ist durch Hunderte von Orchideen,

Aroideen u. a. m., Gewächsen, die auf der Borke der Baumstämme angesiedelt, die Stoffbestandtheile und die physicalischen Eigenschaften dieser verwitternden Abschuppungen zu eigenem Nutzen verwerthen; welche vielmehr auch bei uns überall zu begegnen sind in den Rinde bewohnenden Moosen — kleinerer Formen nicht zu gedenken —; Pflänzchen, welche die verwitternden Borken- und Korkdesquamationen der Gehölze zum Wohn- und Nährorte nehmen, theils ohne grossen Unterschied zu machen zwischen den einzelnen Gehölzarten, theils wenigstens mit ausgesprochener Vorliebe für jeweils bestimmte der letzteren. Als chlorophyllhaltige Gewächse sind alle die erwähnten Formen aber in ihrem Ernährungsprocesse in hohem Grade unabhängig von dem Wirthe, welcher sie gewöhnlich trägt. Höchstens könnte man sie noch Commensualen des letzteren nennen; aber diese Bezeichnung gilt für sämmtliche den gleichen Ort bewohnende nicht parasitische Pflanzen, insofern als sich dieselben jedesmal theilen müssen in den vorhandenen Vorrath von Kohlensäure, Wasser und Bodennährstoffen. Ein streng dem Sinne von van Benedens Ausdruck entsprechender Commensualismus kann, nach dem Gange des pflanzlichen Vegetationsprocesses, im Pflanzenreiche nicht existiren.

Wenn schon hiernach also ein strenger Parallelismus zwischen den in letzterem und den im Thierreich auftretenden Erscheinungen nicht festgehalten werden kann, so gibt es ferner in der Pflanzenwelt andere Fälle von Genossenschaft ungleichnamiger Formen, welche überhaupt in keiner der vorstehend unterschiedenen Kategorien unterzubringen sind.

Ein Beispiel hierfür ist zunächst der Eingangs erwähnte Fall, welcher zu diesem Vortrag Veranlassung gegeben hat: die Association von Azolla und Anabaena.

Azolla ist der Name einer Gattung farnartiger Gewächse, welche ungefähr aussehen wie grosse beblätterte Moose und auf der Oberfläche von Gewässern schwimmend wachsen, ähnlich unsern Wasserlinsen (Lemnaceen). Ein reich verästelter nach abwärts zahlreiche Wurzeln treibender Stengel ist dicht mit zweizeilig geordneten Blättern besetzt und mit diesen horizontal auf die Wasserfläche gelegt. Jedes Blatt hat 2 Lappen, welche beide parallel der Wasserfläche übereinander liegen, der eine, untere, unmittelbar auf dem Wasser, der andere, obere, dicht über jenem.

Der Bau dieser Pflanzen zeigt, mit selbstverständlicher Abrechnung specifischer Besonderheiten, keine wesentlichen Differenzen von dem anderer Gewächse ähnlicher Lebensweise, bis auf eine ganz exceptionelle Eigenheit. An der dem Wasser zugekehrten, also untern Fläche jedes oberen Blattlappens ist ein enges Loch, welches in eine relativ geräumige, von Blattfläche umschlossene, mit besonderen Haaren bekleidete Höhlung führt. In dieser nun lebt in jedem lebenden Blatte eine kleine blaugrüne Alge, aufgebaut aus einer einfachen rosenkranzförmigen Reihe länglich gerundeter, von Gallerte umgebener Zellen, wie solche characteristisch sind für viele Angehörige der Nostocaceen-Familie, speciell die in dieser als Anabaena unterschiedene Formengruppe.[6]) Mit dem

---

[6]) Die Nostocaceen sind eine formenreiche Gruppe einfacher Algen. Sie sind miteinander leicht kenntlich an reihenweise zu Fäden verbundenen Zellen mit ziemlich homogenem blaugrün (in verschiedenen Nüancen) gefärbtem Protoplasmakörper und gelatinösen Wänden. Bei den für gegenwärtige Betrachtung in Frage kommenden Formen sind die Zellen rund oder ellipsoidisch, mit abgerundeten Enden aneinander stossend, die Fäden also von der Form eines Rosenkranzes. Die im Texte genannten Formengruppen oder Genera, Anabaena und Nostoc, unterscheiden sich von einander vorzugsweise durch bestimmte, hier nicht

successiven Abstreben der alten Blätter stirbt auch die Anabaena in denselben, soweit die Untersuchungen reichen. Andere Algen sind in den Höhlungen nicht vorhanden. Wie und woher kommt nun der sonderbare Gast in ausnahmslos jedes Blatt hinein? Aussen an den erwachsenen Theilen der Pflanze, auch an dem erwachsenen Blatte und selbst am Eingang der Höhlung sucht man ihn immer vergebens.

Nur an einem Orte findet er sich noch, nämlich dicht unter der Spitze jedes Zweiges, welche hier wie bei allen

---

näher zu erörternde Erscheinungen der Fortpflanzung. Unter erstgenanntem Namen verstehe ich, der Kürze halber, die Gesammtheit der Formen, welche von Anderen in die Genera Anabaena, Cylindrospermum Sphaerozyga vertheilt werden. Eine Menge Nostoc- und Anabaena-Arten leben frei, auf nassen Felsen, feuchter Erde, oder im Wasser schwimmend, theils einzeln, als mikroskopisch kleine Pflänzchen, theils in grosser Menge zu Gallertmassen verbunden, welche beträchtliche Grösse erreichen und dem blossen Auge weithin sichtbar sein können. Manche Anabaena-Formen bilden mit Vorliebe dünne Uebergänge auf Wasserpflanzen; an sie schliessen sich bezüglich der Lebensweise die im Texte erwähnten symbiotischen Formen an. Von denen der Azolla-Blätter ist zu bemerken, dass jene Fortpflanzungserscheinungen, durch welche sie sicher und bestimmt als Anabaena charakterisirt wären, für sie noch nicht beobachtet sind. Wenn sie daher zu den Anabaenen gestellt werden und nicht zu den Nostoc, so hat dies darin seinen Grund, dass sie ihrer sonstigen Gestaltung nach mit jenen mehr übereinstimmen als mit letzteren. Der im Texte erwähnte Bewohner der Cycadeenwurzeln ist dagegen ein ächter Nostoc. Ob vielleicht in Cycadeenwurzeln noch andere Nostocaceen symbiotisch vorkommen, worauf gewisse in der Literatur gebrauchte Namen hindeuten könnten, weiss ich nicht. Zum Verständniss der Thatsache, dass die in Rede stehenden Algen in die von ihnen bewohnten Höhlungen gelangen, ist hervorzuheben, dass sie eine eigene, allerdings träge Beweglichkeit besitzen. Sie rücken, wenigstens in bestimmten Lebensstadien, langsam vor und zurück. Der Mechanismus der Bewegungen ist noch unklar.

verwandten Pflanzen fortwährend in die Länge wächst und successive neue Blätter und neue Zweige bildet. Jene äusserste Spitze ist hakenartig aufwärts gekrümmt, dicht hinter ihr daher ein concaver Raum, welcher seitlich umgeben wird von den jungen Zweig- und Blattanfängen. Dieser concave Raum wird nun gleichfalls von der Anabaena bewohnt. In ihm tritt dieselbe hinter die Spitze jedes der entstehenden Zweiganfänge, um hier hinfort die bezeichnete Stellung einzunehmen. An ihm sind die jungen Blätter angelegt, ihre oberen Lappen anfangs flach, schon frühe aber an ihrer Unterfläche eine Erhebung zeigend in Form eines Ringwulstes, welcher sich dann rasch zur Bildung der Höhle mit ihrem Eingang vergrössert. Mit dem Beginn der Erhebung wird ein Theil der Alge in den umwölbten Raum eingeschlossen, um dann mit und in der Höhlung weiter zu wachsen. Die spätere Streckung des Stengels entfernt und isolirt jede Blattportion der Anabaena weit von ihrer ursprünglichen Brutstätte. Es wurde schon hervorgehoben, dass, wie Mettenius und Strasburger,[7]) dem wir die richtige Darstellung dieser Verhältnisse verdanken, fanden, kein Blatt ohne die Höhlung, keine Höhlung ohne die Anabaena ist. Nicht minder bemerkenswerth ist das Folgende. Man kennt von der Gattung Azolla vier zwar einander sehr ähnliche, aber, zumal durch die Fruchtbildung scharf unterschiedene Species. Zwei derselben sind in Amerika und Australien weit verbreitet; die dritte in Australien, Asien, Afrika, die vierte dem Nilgebiete, soweit bekannt, eigenthümlich. Sämmtliche Formen und sämmtliche zur Untersuchung ge-

[7]) Eingehend sind alle im Texte erwähnten Erscheinungen dargestellt in E. Strassburger's vortrefflicher Monographie: Ueber Azolla. Jena, 1873.

kommenen Exemplare derselben zeigen das beschriebene Verhalten zur Anabaena bis zu dem Grade gleich, dass eine Unterscheidung verschiedener Formen der letzteren nach den einzelnen Azollen bis jetzt wenigstens nicht möglich ist.

Es gibt eine Anzahl Fälle, wo nahe Verwandte der Azolla-Anabaena, gewöhnlich als Nostoc beschrieben, von Landpflanzen beherbergt werden, ebenfalls in bestimmten dazu eingerichteten Hohlräumen; immer aber mit weniger Regelmässigkeit wie in dem beschriebenen Beispiele — sie können wenigstens fehlen und erst in vorgeschrittenen Entwickelungsstadien von Aussen eintreten. Es sei von diesen Erscheinungen hier nur das Beispiel der Cycadeen erwähnt. [8]) Die Keimpflanze dieser langsam wachsenden Pflanzen treibt eine dicke, rübenähnliche Pfahlwurzel, welche sich wie andere Wurzeln in und an dem Boden verzweigt. An dem Grunde derselben treten später meistens — ob immer, weiss ich nicht — ein oder zwei Paar Wurzeläste auf, welche sich senkrecht erheben und 1—2 mal gabelig verzweigt sind, mit kolbig anschwellenden Enden; ebensolche gabelige Zweige entspringen dann später, oft in dichten Klumpen bei einander, an Aesten der Pfahlwurzel, welche an der Bodenoberfläche verbreitet sind. In diese Gabelzweige dringt nun häufig, nicht immer, zwischen die Zellen ein Nostoc ein und hiermit beginnt eine characteristische Structurver-

[8]) Cycadeen: in unseren Gewächshäusern auch unter dem Namen «Sagopalmen» bekannt. — Die im Texte besprochenen Wurzelzweige dieser Pflanzen sind, wenn sie nicht von Nostoc bewohnt werden, von gewöhnlichem Wurzelbau: ein axiler Gefässstrang wird umgeben von einer dicken, aus Schichten rundlich-eckiger Zellen (Parenchyn) gebildeten Rinde. Mikroskopisch kleine, nicht regelmässige Risse in der Oberfläche dieser müssen dem Nostoc als Eingang ins Innere dienen.

änderung des Wurzelzweiges. Innerhalb seiner Rinde wächst eine bestimmte Parenchymschicht, welche an den nicht von Nostoc besuchten Wurzeln dicht, und von den angrenzenden nicht verschieden ist, heran gleichsam zu einem Gewölbe das von schmalen Balken getragen und zwischen diesen mit weiten, überall communicirenden Zwischenräumen versehen ist. Die Balken sind die stark einseitig gestreckten Zellen der Parenchymschicht. Die Zwischenräume werden ausgefüllt durch die massenhaft wachsende Alge.

Diese und einige ähnliche bekannte Erscheinungen [9]) stellen ebensoviele, wenn auch noch so bemerkenswerthe Einzelfälle von Association dar. Es giebt aber eine ganze Vegetationsform, eine grosse mehrere tausend Arten umfassende und allverbreitete Gruppe von Gewächsen, deren sämmtliche Angehörige nicht nur immer die Association zweier oder auch dreier differenter Species zeigen, sondern durch diese Association überhaupt erst zu Stande kommen: ich meine die als Flechten, Lichenen bekannten Formen, deren einzelne, wie Rennthiermoos, isländisches Moos u. s. w. Jedem erinnerlich sein werden und von denen Jeder sich nicht minder erinnern wird, wie sie, zumal im Gebirge, Felsen, Haideboden, Baumstämme u. dergl. massenhaft überziehen.

Die Meisten von uns haben in der Schule gelernt, dass die Flechten kryptogame Pflanzen sind, dass sie in ihrer Fruchtbildung genau übereinstimmen mit den als Ascomyce-

---

[9]) Nostocformen siedeln sich an in Höhlungen von besonderem Bau bei manchen Moosen: Anthoceros, Blasia pusilla, und in ganz besonders bemerkenswerther Weise in den von Reinke untersuchten Stämmen der Gunnera-Arten. Vgl. Janczewski, Botan. Zeit. 1872, p. 73. u. Ann. d. c. nat. 5. Ser. Tom XVI. Cohn, Beiträge zur Biologie, I. 87. Reinke, morpholog. Abhandlungen, Leipzig, 1873.

ten bekannten Pilzen; dass sie auch im Aufbau ihres vegetativen Körpers diesen gleichen, mit Ausnahme des den Pilzen abgehenden steten Vorhandenseins chlorophyllführender Zellmassen in demselben. In Folge dieser Eigenthümlichkeit des Baues, und im Gegensatz zu dem chlorophyllfreien, auf vorgebildete organische Verbindungen als Nährstoffquelle angewiesenen Pilze assimilirt die Flechte Kohlensäure und ihre vorhin angedeutete Vegetation auf kahlem Gesteine und anderem an organischen Kohlenstoff-Verbindungen freiem Substrat erklärt sich hieraus.

Jene für die Flechten characteristischen grünen Zellenmassen haben in der Geschichte der Wissenschaft die sonderbarsten Schicksale erfahren, bis sich seit etwa 10 Jahren herausstellte, dass sie nicht eigentlich Theile des Gewächses sind, welchem die pilzgleichen Früchte und Körpertheile der Flechte angehören; sondern dass sie Algen sind, welche in oder mit bestimmten, in anderer Verbindung und Lebensweise nicht vorkommenden Pilzen, in eigenthümlicher Association leben und wachsen. [10]) Eine bestimmte Pilzspecies

---

[10]) Der Körper, Thallus, der Flechten besteht aus chlorophyllfreien fadenförmigen, ästigen Zellreihen («Fäden») welche zu grösseren Complexen verflochten und verbunden sind, und in dieser Verbindung miteinander zu dem bestimmt geformten Flechtenkörper heranwachsen. An und aus diesen Fadencomplexen entstehen die Früchte, Sporenfrüchte, welche keimfähige Zellen, Sporen, erzeugen. In allen diesen Erscheinungen stimmen die Flechten mit Pilzen, speciell Ascomyceten, Schlauchpilzen, völlig überein. Verschieden von den — übrigen — Schlauchpilzen sind sie durch das im Texte angegebene Vorkommen der chlorophyllhaltigen Zellen zwischen den Fäden. Diese chlorophyllführenden Elemente, von Alters her die Gonidien der Flechten genannt, haben ja nach den Einzelfällen sehr verschiedene Vertheilung im Thallus und verschiedenen Bau. Nach ihrem constanten Vorkommen in jeder Flechte

und eine bestimmte Algenspecies bilden jedesmal in Verbindung mit einander einen bestimmten Flechtenkörper, ohne diese Verbindung kommt solcher nicht zu Stande. Werden die in den Früchten der Flechte reichlich entwickelten Sporen unter günstigen Bedingungen ausgesät, so erwachsen aus ihnen allein kleine, bald zu Grunde gehende Pilzpflanzen, welche nur dann wiederum zur Flechte werden können, wenn sie die richtige Alge finden und mit ihr in Verbindung treten. Jede Species Flechtenpilz vereinigt sich nur mit bestimmten

---

zweifelte man lange Zeit nicht im Geringsten daran, dass sie Organe dieser im übrigen pilzähnlichen Gewächse seien; ihre Aehnlichkeit mit Algen lag auch auf der Hand; die Flechten wurden daher als eine zwischen Algen und Pilzen stehende Gruppe betrachtet. Diese Anschauungen fanden eine besonders feste Begründung durch Schwendeners eingehende Studien über den Bau des Flechtenthallus, aus welchen hervorzugehen schien, dass die Gonidien als kleine Zweige oder Zweigenden der chlorophyllfreien Fäden selbst entstehen. Immerhin blieb noch manches unklar; insonderheit die erste Entstehung des gonidienführenden Thallus aus den typischen Fortpflanzungsorganen, den Sporen; denn wenn man diese aussäte und die Aussaat in strenger Controle hielt, entstanden bei der Keimung immer nur jene im Texte erwähnten vergänglichen Pilzpflänzchen und kein gonidienführender Flechten-Thallus; und in den seltenen Fällen, wo man solchen bei Aussaaten erhielt, war es nicht klar, woher die Gonidien gekommen waren. Auf Grund dieser und ähnlicher Bedenken sprach ich 1866 zuerst für bestimmte Flechten die (auf ausgedehnte, nicht publicirte Untersuchungen gegründete) Vermuthung aus, sie möchten vielleicht aus der Vereinigung eines jedesmal bestimmten Pilzes mit einer Alge hervorgehen. Die Ausdehnung dieser Vermuthung auf alle Flechten gestatteten die damals vorliegenden, insbesondere Schwendeners Untersuchungen nicht. Nachdem nun in der Folge, zumal durch Famintzins und Baranetzkis Arbeiten, die Wahrscheinlichkeit immer mehr hervorgetreten war, dass die sogenannten Gonidien mit selbstständig vorkommenden Algen identisch seien, gelangte Schwendener, in Folge neuer Untersuchungen, zur Aufstellung der im

Algenformen oder nur mit einer solchen; die Zahl der in Flechtenverband eingehenden Arten letzterer ist gross und sie gehören sehr verschiedenen engeren Verwandschaftskreisen an. Jedenfalls aber ist ihre Zahl geringer, als die der Flechten bildenden Pilzspecies und der nach diesen unterschiedenen Flechtenformen, denn zumal durch Stahls glückliche Synthesen steht fest, dass eine und dieselbe Algenspecies mehreren, vielleicht selbst vielen Pilzspecies zur Herstellung ebenso vieler differenter Flechtenformen dienen kann. Auf die Form der Association, das Verhalten der jedesmaligen Componenten bei derselben, wird nachher noch zurückzukommen sein.

Betrachtet man die soeben in ihren Hauptzügen kurz geschilderten Erscheinungen etwas näher, so findet sich sowohl bei den Azollen, den Cycadeen, als auch bei den

---

Texte resumirten Theorie. Dieselbe beseitigte mit einem Male die oben angedeuteten bisherigen Unklarheiten und Zweifel. Es galt jedoch noch den directen Beweis für sie zu liefern auf dem Wege der Synthese, d. h. indem man durch Vereinigung bestimmter, selbstständig wachsender Algen mit den geeigneten Pilzen einen Flechtenthallus absichtlich zu Stande kommen liess. Reess und Stahl haben nun gezeigt, dass dieses, bei Beobachtung gewisser Vorsichtsmassregeln, relativ leicht gelingt. —

Schliesslich ist noch hinzuzufügen, dass nicht jedes im Freien vorfindliche Flechtenexemplar direct aus der Vereinigung von bisher freilebender Alge und Pilz hervorgegangen sein muss. Bei vielen Flechten lösen sich vielmehr kleine Stücke, welche beiderlei Componenten derselben enthalten, etwa kleinen Knöspchen vergleichbar, von dem älteren Thallus ab, um sich auf geeigneten Substrat zu neuen Stöcken zu entwickeln. Diese Knospenbildung ist es, wodurch die Individuenzahl der Flechten vorzugsweise vermehrt wird.

Für weitere Details vergl. die Zusammenstellung in Sachs, Lehrb. d. Botanik, die dort citirte Literatur und E. Stahl, Beitr. zur Entw. d. Lichenen. Leipzig, 1877. —

Flechten allerdings ein enges Zusammenleben ungleichnamiger Arten, aber nirgends eine den Eingangs hervorgehobenen Kategorien genauer entsprechende Einrichtung. Von Commensualismus kann nicht streng die Rede sein, aus schon angeführten Gründen. Von Parasitismus ebensowenig. Die Anabaena der Azollen, der Nostoc der Cycaswurzeln bewohnen zwar die beschriebenen Orte, aber sie existiren nicht auf Kosten ihres Quartiergebers; es liegt nicht einmal ein Grund vor, welcher zu der Annahme nöthigt, dass sie ihm überhaupt etwas entziehen. Der Nostoc der Cycaswurzeln kann auch ohne jene Herberge frei im Wasser kräftig vegetiren und wachsen. Auch die Azollen-Anabaena scheint — was allerdings noch nicht ganz sicher steht — wenn künstlich isolirt ohne lebendigen Wirth in Wasser vegetiren zu können. Und für sie sowohl wie für die Nostocform wäre dies a priori anzunehmen, nicht nur weil sie den Bau chlorophyllführender, also ohne organisches Substrat existenzfähiger Pflanzen überhaupt besitzen, sondern auch weil wir zahlreiche ihnen nächstverwandte und bis ins kleinste ähnliche Formen kennen, also eine Menge Nostoc- und Anabaena-Arten, welche nicht in einem lebenden Quartiergeber, sondern frei im Wasser oder auf dem Erdboden vegetiren.

Am ersten würde für die in Rede stehenden Formen wohl noch die Bezeichnung Mutualisten angewendet werden können, und zwar dann, wenn wir zugeben, dass sich, wie bei den entsprechenden Thieren, Gast und Quartiergeber gegenseitig irgendwie nützen, Dienste leisten. Ob das freilich gegenseitig stattfindet, ist gänzlich zweifelhaft. Dass sie einander nicht ernstlich schaden, können wir mit Sicherheit allerdings sagen, denn wenn das der Fall wäre, würden die betreffenden Einrichtungen nicht existiren können. Dass die Quartiergeber der kleinen Alge als Beschützer in dem verschiedensten Sinn des Wortes nützlich sein werden, liegt auch auf der Hand. Aber von der Beschaffenheit des etwaigen Gegendienstes haben wir vorläufig wenigstens keine Vorstellung.

Anders, aber ebenfalls verschieden von den bei Thieren beobachteten Verhältnissen gestalten sich die Utilitätsbeziehungen bei den Flechten, wenigstens bei der Mehrzahl derselben. Allerdings kann man bei relativ wenigen ohne grossen Fehler von wirklichem Parasitismus insofern reden, als der Pilz auf oder in dem Körper der Alge, als der kleinere seinen Wohnsitz aufschlägt und grossentheils auf Kosten dieser lebt; aber auch für die der Auffassung günstigsten Fälle trifft dies nicht streng zu. Bei den meisten Flechten aber liegt die Sache ganz anders. Hier ist die Alge allerdings selbstständig existenzfähig. Man kann sie nicht nur künstlich isoliren und für sich allein kräftig weiter vegetiren und sich fortpflanzen sehen, sondern man findet auch die flechtenbildenden Algenformen vielfach spontan für sich allein wachsend, ohne Bestandtheile eines Flechtenkörpers zu sein. Umgekehrt verhält sich der Flechtenpilz. Er ist, wie vorhin schon gesagt wurde, ohne die Alge selbstständiger Ausbildung unfähig und geht rasch zu Grunde, wenn er dieselbe nicht findet, weil er auf ihre Kohlensäure-Assimilation zum Bezug der Baustoffe für sein Wachsthum angewiesen ist. Aber er siedelt sich nicht einfach auf oder in der Alge an, sondern er umwächst sie, nimmt sie in seinen eigenen Körper auf und nimmt dann, bei den meisten Flechten, seinerseits an Masse so gewaltig zu, dass er bei weitem den Hauptbestandtheil des gemeinsamen Körpers bildet, die Alge einen geringen Bruchtheil, $^1/_{10}$ oder noch weniger. Nach der Vertheilung der beiden Compenenten ist daher der Pilz Quartiergeber, Wirth, die Alge

Gast. Der Wirth ist aber um zu leben auf den Gast angewiesen — was ja auch sonst vorkommt. Demgemäss wird der Gast auch mit aller Sorgfalt behandelt; sein Wachsthum nicht nur nicht beeinträchtigt, sondern, wie wir noch sehen werden, im Vergleich mit dem Solitärzustande oft auffallend gefördert, und in gleichem Schritt mit dem des Quartiergebers gehalten. Endlich sorgt letzterer seinerseits nicht nur für die Befestigung des Körpers an das Substrat, indem er in dieses, oft tief in hartes Gestein, eindringt; sondern er führt auch aus diesem die nöthigen Aschen-Bestandtheile dem gemeinsamen Haushalte zu.

Wir können hier nicht weiter eingehen auf die vielfach höchst interessanten Einzelheiten des Flechtenaufbaues und der Flechtenöconomie, und können uns auch auf das Gesagte beschränken, um darzuthun, dass es eine Menge von Erscheinungen gibt, welche dem Parasitismus, Mutualismus u. s. w. bezüglich der Association ungleichnamiger Organismen-Species zu gemeinsamer Existenz sich anschliessen, aber weit mannichfaltiger sind als dass sie sich in die gewöhnlich unterschiedenen Kategorien einfach unterbringen liessen. Parasitismus, Mutualismus, Lichenismus v. s. v. sind eben jeweils bestimmte Specialfälle jener allgemeinen Associationseinrichtung, für welche der vorangestellte Ausdruck Symbiose als Collectivbezeichnung dienen mag. Will man unter dieser Hauptkategorien unterscheiden, so dürften sich deren zwei herausstellen, die antagonistische mit gegenseitiger Bekämpfung und die in weiterem Sinne mutualistische mit gegenseitiger Förderung der Symbionten. Eine scharfe Abgrenzung kann aber auch hier bei näherem Eingehen nicht beansprucht werden.

Eine scharfe Abgrenzung fehlt aber auch nach anderer

Seite, nämlich zwischen der Symbiose streng zu gemeinsamem Haushalt verbundener Symbionten und jenen mannichfachen Beziehungen und Wechselbeziehungen der Organismen zu einander, welche unter dem Namen Geselligkeit zusammengefasst werden können. Der Commandeurvogel in Mexico setzt sich auf die vorgestreckte Nase des im Schlamme steckenden Büffels und lauert auf die Mücken, welche dem letzteren in die Nasenlöcher kriechen wollen.[11]) In dem Orgel-Gebirge Brasiliens [12]) lebt eine chlorophyllhaltige, blüthentragende, wahrscheinlich insektenfressende Wasserpflanze, Utricularia nelumbifolia auf dürren Felshängen. Sie sitzt ausschliesslich in den Wasseransammlungen, welche die trichterförmige Mitte der Blattrosetten einer dort häufigen Bromeliacee erfüllen und bildet, etwa wie ein Erdbeerstock, fadenförmige Ausläufer, deren Enden wiederum zu blühenden und Ausläufer treibenden Stöcken erwachsen, wenn sie in eine neue Rosette gelangt sind. Das sind Einrichtungen, welche sich gewiss nahe anschliessen an das, was wir als Symbiose vorhin zusammengefasst und exemplificirt haben, welche aber doch nur dann damit vereinigt werden können,

---

[11]) «Die Büffel wühlen sich, sagt de Saussure, in den Schlamm ein, um sich den Angriffen der Mücken zu entziehen und lassen nichts als die Spitze der Nasenlöcher hervorstehen; auf diese setzt sich ein reizender Vogel, der Commandeur; in dieser Stellung lauert der Commandeur auf den Maringouin, der dreist genug ist, in die Nasenlöcher des Wiederkäuers einzudringen.» Van Beneden, l. c. S. 125. Maringouin ist der Name der Mücken.

[12]) Nach dem Referat bei Darwin, Insectivorous plants, p. 442. Die Bromeliacee heisst dort Tillandsia. — In unsern Warmhäusern ist die Wasseransammlung in den Blattrosetten solcher Gewächse besonders bei den Nidularium-Formen zu sehen.

wenn dies mit allen sich weiter daran schliessenden Wechselbeziehungen geschieht, also z. B. derjenigen, welche besteht zwischen blumenbesuchenden Insekten und von Insekten bestäubten Blumen, den Thieren, welche Nahrung oder Brutstätte suchen und den anderen Thieren oder Pflanzen, wo sie diese finden, kurz sämmtlichen zwischen ungleichnamigen Organismen bestehenden, näheren oder ferneren. Ich hätte im Grunde gegen solche Generalisirung nichts einzuwenden, am wenigsten in diesem Augenblick, wo es darauf ankam, die Zusammengehörigkeit aller dieser Erscheinungen darzuthun.

Mit dem Nachweis dieser Zusammengehörigkeit schwindet zunächst die exceptionelle Stellung, welche specifische Parasiten ausserhalb jenes Zusammenhanges betrachtet, unter ihren Stammesgenossen auf den ersten Blick auch dann einzunehmen scheinen, wenn man von den alten Anschauungen ganz absieht, nach denen sie aus den verdorbenen Säften oder Gewebelementen ihres Wirths entstehen sollten. Es schwindet ferner die auf den ersten Blick so sehr exceptionelle Stellung der Flechten. Die sammelnden Lichenologen lehnten sich gegen die vorgetragene Anschauung über den Aufbau dieser Wesen gewaltig auf, als sie zuerst ausgesprochen wurde; und zwar vielfach mit dem Ausdruck der Entrüstung über die vermeintliche Degradation ihrer Lieblinge, die keine selbstständigen Geschöpfe sein, sondern zu Stande kommen sollten durch ein — in den Augen der Lichenologen — unerlaubtes Verhältniss zwischen einem Pilz und einer oder gar zwei Algen. Die Entrüstung muss schwinden, wenn ein weiterer Umblick zeigt, dass es sich hier nicht um unerlaubte Handlungen noch Zumuthungen handelt, sondern um Specialfälle einer in der belebten Natur überall und unter tausend Einzelformen wiederkehrenden Erscheinungsweise, und um die zumal Schwendener zu verdankende Zurückführung des vorher räthselhaften Flechtenaufbaues auf solche eigenartige Form der Symbiose.

Der Nachweis der Zugehörigkeit der besprochenen Erscheinungen zu der grossen Reihe der Wechselbeziehungen zwischen differenten Organismen führt an und für sich noch nicht zu einer Erklärung derselben, wenn man nicht unter letzterer die Subsumirung einer bis dahin isolirten Thatsache unter eine für sich nicht weiter erklärte empirische Regel verstehen will. Eine wirkliche Erklärung wird dagegen für sie gewonnen werden können aus den gleichen Gesichtspunkten und innerhalb der gleichen Grenzen wie für andere in die Gesammtkategorie gehörende Erscheinungen; und umgekehrt werden sie ihrerseits eventuell einen Beitrag liefern können zur Erklärung der Gesammtheit.

Die erste dieser Behauptungen versteht sich von selbst, und es braucht auch hier kaum gesagt zu werden, dass mit jenen erklärenden Gesichtspunkten die Lehren der Descendenztheorie, wie sie von Darwin ausgebildet worden ist, also mit Einschluss des Züchtungsprincips, gemeint sind, denn diese allein sind geeignet für Erscheinungen, wie die in Rede stehenden, eine wissenschaftliche Erklärung anzubahnen. Auf Auseinandersetzungen hierüber weiter einzugehen, wäre an diesem Orte überflüssig. Und auch auf die Grenzen brauche ich nicht aufmerksam zu machen, welche die Erklärung vorläufig findet in den unerklärt gegebenen Eigenschaften der organisirten Substanz, und der vielfach noch herrschenden Unbekanntschaft mit den physiologischen Grundlagen der unter dem Collectivnamen Anpassungen gewöhnlich zusammengefassten Processe. Innerhalb dieser

Grenzen werden uns an der Hand der Descendenz- und Züchtungstheorie die Gewohnheiten des Commandeurvogels, der blumensuchenden Insekten, [13]) die Beziehungen zwischen Azolla und Anabæna, die Proceduren der Flechtenpilze und der Parasiten ebensowohl, wie die damit in Beziehung stehenden jedesmaligen Eigenthümlichkeiten der Form und des Baues gleichmässig verständlich als thatsächlich, historisch entstandenen successive erblich gewordene Erscheinungen.

Lassen sich diese der Descendenztheorie unterordnen, so vermehren sie die Belege für dieselbe und leisten schon hierdurch den Beitrag zur Gesammterklärung. Ein wesentlicherer aber wird bei näherer Betrachtung der Symbiosen noch anderswo gewonnen. Wir haben guten Grund mit Darwin zu sagen, successive Anpassungen und correlative Formänderungen, Transformationen der Organismen finden statt und müssen stattfinden in Folge der Einwirkungen der Aussenwelt auf dieselben einerseits und ihrer Transformationsfähigkeit andererseits. Wir erklären aus dem Zusammenwirken dieser beiden Hauptfaktoren die derzeit vorhandenen Einrichtungen und Formen.

Die meisten dieser finden sich fertig und erblich fixirt vor; die Transformationen, aus welchen sie hervorgegangen sind, vollziehen sich nicht vor unsern Augen und wir sind nicht im Stande sie willkürlich eintreten und ausbleiben zu lassen. Ihre Entstehung ist in eine, meist weit abliegende Vorzeit zu verlegen, welche sich relativ mehr oder minder sicher bestimmen lässt. Für die Azollen z. B. muss die

---

[13]) Zur Orientirung über die Beziehungen zwischen Insecten und Blumen sei aus der reichhaltigen neuern Literatur über diesen Gegenstand nur citirt: Hermann Müller, Die Befruchtung der Blumen durch Insecten und die gegenseitigen Anpassungen beider. Leipzig, 1873.

Entstehung der anabænabewohnten Blatthöhlung vor der Differenzirung und örtlichen Trennung der vier heutigen Species stattgefunden haben. Ueber den Gang der Entstehung der heutigen Zustände erhalten wir eine Vorstellung theils durch die Erfahrungen über Variabilität, Transformationsfähigkeit der Arten überhaupt, durch die Resultate absichtlicher Züchtungsproceduren, theils durch die Vergleichung neben einander vorkommender, erblich fixirter Formen im fertigen und in den embryonalen Entwicklungszuständen.

Unter den vielen Faktoren, in welche die Einwirkungen der Aussenwelt zerlegt werden können, sind die Einwirkungen ungleichnamiger Organismen auf einander ein besonders hervorragender; gegenseitige Anpassungen in besonders hohem Maasse Form und Gewohnheit bestimmend. Die Gestaltung und Einrichtung bienenbesuchter Blumen und der Körperbau ihrer Besucher, das Verhältniss der Azollen und ihrer Anabæna und tausend ähnliche Verhältnisse werden aus gegenseitiger Anpassung, und nur aus dieser verständlich. Auch hier handelt es sich vielfach um derzeit fertige, erblich fixirte Zustände. Es ist aber nun von vornherein wahrscheinlich, dass je inniger und unmittelbarer die gestaltbestimmenden Wechselbeziehungen zwischen ungleichnamigen Organismen sind, desto eher das Gelingen absichtlicher Transformation durch Abänderung jener Beziehungen zu erwarten steht, und viele Fälle von gestaltbestimmender Symbiose bestätigen diese Erwartung.

Es würde schwerlich viel Zeit erfordern, die Blatthöhle der Azollen, welche ohne die Anabæna, man muss sagen keinen Sinn hätte, durch Entfernung der letzteren verschwinden zu machen: das hat aber allerdings seine bisher unüberwundene Schwierigkeit in der Unmöglichkeit, den kleinen fest anhaftenden Gast von den zarten Zweigenden ohne Verletzung dieser wegzunehmen. Es fehlt aber nicht an besser zugänglichen Fällen.

Schon viele strenge Parasiten wirken auf ihren Wirth gestaltungsbestimmend ein. Die gemeine Wolfsmilch wird in Folge des Eindringens eines parasitischen Pilzes, in der Gestaltung ihrer Sommertriebe völlig verändert. Ein ähnlicher Schmarotzerpilz dringt in die Zweigknospen der Tanne (Abies pectinata) ein, und der von ihm occupirte Zweig, anstatt sich wagerecht zu stellen und zweiseitwendige immergrüne Blätter und Aeste zu bilden, wie der intacte Tannenzweig, erhebt sich aufrecht, verästelt sich wirtelig, wirft sein Laub alljährlich ab und erneut es im nächsten Frühling, so dass er dem alten Aste aufsitzt in der Form eines kleinen nicht immergrünen Tannenbäumchens, das 10 und mehr Jahre alt werden kann.[14])

Diese Gestaltänderungen werden hier unmittelbar hervorgebracht durch den Parasiten. Sie bleiben aus, wenn man diesen fernhält. Sie lassen sich also absichtlich hervorrufen und verhindern. Es mag jedoch von diesen Beispielen lieber abgesehen werden, weil sie an's pathologische Gebiet grenzen, weil man sie mit Gallen- und Geschwulstbildungen zusammenzustellen einigen Grund hat, und weil hierdurch ihre Anschaulichkeit abgeschwächt wird — mehr freilich

---

[14]) Die Erscheinung welche im Texte kurz beschrieben ist, findet sich in jedem Tannenbestande und ist unter dem Namen Hexenbesen oder Donnerbusch bekannt und gefürchtet, letzteres wegen erheblicher Schäden, welche ausser den hier in Rede stehenden an und für sich unschädlichen Erscheinungen von demselben Schmarotzerpilz — Aecidium elatinum — hervorgerufen werden. Vergl. Botan. Zeitung, 1867 p. 257.

nicht, denn wo liegt die Grenze zwischen krankhafter und nicht krankhafter Transformation anders als in conventioneller Unterscheidung?

Wir sehen aber von ihnen ab, weil wir sie nicht nöthig haben.

Wenn in die gegabelten Cyadeenwurzeln der Nostoc eindringt, so ändert sich, wie vorhin angedeutet wurde, der Bau derselben ganz wesentlich. In dem dichten Parenchym der Wurzel entstehen jene weiten, den Gast aufnehmenden Räume; eigene, ohne den Eintritt des Gastes ausbleibende Wachsthumsrichtungen in dem aufnehmenden Gewebe bestimmen ihre Bildung. Aehnliches, in noch viel auffallenderem Maasse sahen wir bei den Flechten bildenden Algen und Pilzen. Von den letzteren wurde bereits das charakteristische hervorgehoben. Die Alge selbst wird von dem Augenblicke des Zutritts ihres Genossen an meistens beträchtlich verändert. Die Richtungen des Wachtsthums, von welchen die Gestalt abhängt, gehen andere Wege als zuvor. Ein flacher oder kugeliger Gallertstock, welchen z. B. die Nostocalgen der Gallertflechten bilden, wächst zur Form regelmässig verzweigter, selbst strauchartiger Körper heran. Die runden oder länglichen chlorophyllhaltigen Zellen der Pleurococcus- und Stichococcusformen ändern, vom Fechtenpilze erfasst, sofort ihre Gestalt, die Richtungsebenen ihrer Theilung können andere werden, und zwar verschiedene, je nachdem verschiedene Flechtenpilze in Mitwirkung kommen. Von pathologischen Veränderungen kann hier und bei dem Cycadeenfalle keine Rede sein; nicht nur weil es an einer Convention fehlt über das was krank und gesund zu nennen ist; sondern weil von einer Abminderung der — um kurz zu reden Lebensenergie, von einer Beschleunigung des sonst regulären Absterbens und ähnlichen Kriterien krankhafter·

Zustände nichts vorhanden ist. Stahl's Synthesen haben im Gegentheil gezeigt, dass bestimmte Algenzellen mit ihrem Eintritt in den Flechtenverband um ein vielfaches grösser als vorher, chlorophyllreicher, in jedem Sinne kräftiger werden als zuvor; und dass dieses durch die ganze Lebenszeit eines — jedenfalls oft sehr langlebigen, d. h. Jahrzehnte überdauernden Flechtenconsortiums sich gleichbleibt, ist durch die längst bekannten Thatsachen über den Flechtenbau ausser allem Zweifel.

Hier und in manchen anderen Fällen, mit welchen ich die Zahl der Beispiele hätte vermehren können, sieht man also durch die nahen Wechselbeziehungen ungleichnamiger Symbionten Gestaltungsänderungen direkt vor sich gehen, welche keinerlei pathologische Bedeutung haben, und es steht in der Willkür des Experimentators, sie durch Trennung und Vereinigung der Symbionten zu verhindern oder hervorzurufen. Weil aber die Erscheinungen, welche wir als Symbiose zusammengefasst haben, nur Specialfälle darstellen in der grossen Gesammtreihe der Wechselbeziehungen von Organismen, so liefern dieselben einen Beitrag zur Beurtheilung der letzeren überhaupt. Derselbe ist an und für sich unbedeutend, es mag auch Manchem überflüssig erscheinen, auf denselben besonders aufmerksam zu machen. Er dürfte aber darum nicht ganz ohne Werth sein, weil er ein experimentell zugängliches Gebiet betrifft.

Es ist der Descendenzlehre oft vorgeworfen worden, dass es ihr an sicherer experimenteller Grundlage fehle; nicht mit Recht, denn in den absichtlichen Züchtungen von Thieren und Pflanzen liegt, wie oft genug betont worden ist, ein ihre Hauptsätze begründender grossartiger Fundamentalversuch vor, gleichviel welche Bedeutung man der «natürlichen Züchtung» im Einzelnen beilegen mag für die succesive Speciesausbildung. Ein zweiter experimenteller Angriffspunkt wird jedoch immer erwünscht sein, wenn er auch nur für Aufklärung eines Theiles der Erscheinungen benutzt werden kann. Ich wollte darum hier auf denselben aufmerksam machen. Was ich vorbrachte, enthält keine einzige neue Beobachtung, es sind lauter bekannte Dinge. Die Belege für die Fundamentalsätze der Lehre, von der die Rede war, begegnen uns in der That, nachdem das Ei des Columbus einmal aufrecht dasteht, allerorten. Man braucht sich nur aufmerksam umzusehen.

Strassburg, Buchdruckerei H. L. Kayser.

Bei Fragen zur Produktsicherheit wenden Sie sich bitte an:
If you have any questions regarding product safety,
please contact:

Walter de Gruyter GmbH
Genthiner Straße 13
10785 Berlin
productsafety@degruyterbrill.com